Olusegun Osifuye

Simulação da utilização do solo com base em SIG para a produção de energia a partir da biomassa

Olusegun Osifuye

Simulação da utilização do solo com base em SIG para a produção de energia a partir da biomassa

ScienciaScripts

Imprint
Any brand names and product names mentioned in this book are subject to trademark, brand or patent protection and are trademarks or registered trademarks of their respective holders. The use of brand names, product names, common names, trade names, product descriptions etc. even without a particular marking in this work is in no way to be construed to mean that such names may be regarded as unrestricted in respect of trademark and brand protection legislation and could thus be used by anyone.

Cover image: www.ingimage.com

This book is a translation from the original published under ISBN 978-3-659-82824-9.

Publisher:
Sciencia Scripts
is a trademark of
Dodo Books Indian Ocean Ltd. and OmniScriptum S.R.L publishing group

120 High Road, East Finchley, London, N2 9ED, United Kingdom
Str. Armeneasca 28/1, office 1, Chisinau MD-2012, Republic of Moldova, Europe
Printed at: see last page
ISBN: 978-620-8-17641-9

Resumo

Os países estão constantemente à procura de fontes de energia baratas, limpas, respeitadoras do clima e sustentáveis. Este desejo levou a que a bioenergia assumisse cada vez mais um papel central na satisfação das necessidades energéticas destes países.

Em consequência, as culturas bioenergéticas são cultivadas para produzir biomassa, que é atualmente uma verdadeira fonte de energia renovável em todo o mundo. Esta constatação levou a um forte aumento do número de centrais eléctricas de biogás necessárias para a produção de bioenergia.

No entanto, esta procura de bioenergia alterou a utilização dos solos e levou à competição pela terra arável disponível, que também é necessária para a produção de alimentos. Por conseguinte, é lógico que a "pegada ecológica" das centrais eléctricas a biogás nos solos bioprodutivos da Terra suscite preocupações em muitos domínios da vida humana. Estas preocupações conduziram a um debate atual sobre "alimentos ou combustíveis" em todo o mundo, incluindo na Alemanha.

Esta *pegada ecológica* pode ser definida como a quantidade de terra biologicamente produtiva necessária a uma determinada população (neste caso, centrais eléctricas a biogás) para produzir os recursos que consome.

O objetivo deste estudo foi determinar o impacto do cultivo de milho de silagem na produção de bioenergia e a sua influência na tomada de decisões e na elaboração de políticas gerais. Além disso, foram determinados os efeitos das alterações do uso do solo resultantes da produção variável de milho de silagem para a área de estudo no distrito de Schwarzwald-Baar em Baden-Württemberg, Alemanha.

A utilização concorrente do milho de silagem como alimento para o gado e como matéria-prima para as centrais de biogás foi analisada utilizando técnicas de SIG (Sistema de Informação Geográfica). Foi então desenvolvido um modelo para determinar o impacto do milho de silagem na produção de eletricidade e o seu impacto na estrutura de utilização dos solos na área de estudo.

Palavras-chave: biomassa, bioenergia, centrais de biogás, pegada ecológica, SIG, milho de silagem

Abreviaturas

ETSM	=	Estimated Total Silage Maize
ESMC	=	Estimated Silage Maize for Cattle
ESMBP	=	Estimated Silage Maize for Biogas Power Plants

Capítulo 1 Introdução

1.1 Antecedentes

As fontes de energia limpas e renováveis são procuradas em todo o mundo. Os governos de muitos países estão constantemente à procura de fontes de energia baratas, limpas, respeitadoras do clima e sustentáveis. Este desejo levou à produção de bioenergia para satisfazer as necessidades energéticas de uma região.

Consequentemente, a biomassa das culturas bioenergéticas está constantemente a ser cultivada para ser utilizada como fonte de energia. Muitos factores são responsáveis pela procura da bioenergia como fonte de energia alternativa, em particular "o aumento dos preços da energia e a procura de um abastecimento energético local sustentável levaram a que a bioenergia ganhasse cada vez mais apoio como alternativa em todo o mundo" (Koikai, 2008).

O aumento da bioenergia levou a um aumento do número de centrais eléctricas a biogás. Estas centrais requerem uma certa quantidade de terra biologicamente produtiva para a produção de energia. Estas áreas biologicamente produtivas são a fonte dos componentes do substrato que são utilizados para a produção de bioenergia. Por outras palavras, as centrais de produção de biogás têm um impacto nas áreas de terra. Este impacto também pode ser visto como uma pegada ecológica.

A pegada ecológica é a quantidade de terra bio-produtiva necessária a uma determinada população para produzir os recursos que consome, e esta quantidade é comparada com a terra produtiva disponível.

No entanto, a oferta de terras biologicamente produtivas não é suficiente para satisfazer a procura. Esta procura de terras pode provir de um indivíduo, de uma região ou de uma atividade humana específica. Uma atividade humana notável que deixa uma pegada ecológica na terra é o cultivo de culturas energéticas. Em 2003, verificou-se que dos 14,1 mil milhões de hectares globais necessários para os seres humanos, apenas cerca de 11,2 mil milhões de hectares globais estavam disponíveis para satisfazer esta procura (Kitzes et al., 2007).

A procura de bioenergia alterou a utilização dos solos e levou à competição pela terra arável disponível, que também é necessária para a produção de alimentos. Neste contexto, é lógico dizer que a "pegada ecológica" das centrais eléctricas a biogás na superfície bioprodutiva da Terra tem suscitado preocupações em muitos domínios da vida humana. Estas preocupações levaram a um debate atual sobre "alimentos ou combustíveis" no mundo e especialmente na Alemanha.

Os defensores da utilização da biomassa como fonte de energia alternativa argumentam que esta não aumenta os níveis de dióxido de carbono na atmosfera e que, por conseguinte, é amiga do clima. Salientam ainda que a utilização da biomassa a longo prazo deve ser optimizada devido ao seu potencial de redução dos gases com efeito de estufa e à sua evidente eficiência energética (BMELV, 2009).

Os que são contra estão bem cientes do potencial, mas estão mais preocupados com o facto de o cultivo de culturas energéticas poder comprometer a produção alimentar, uma vez que ambos os recursos competem pela mesma terra arável. "As terras que podem ser utilizadas para a agricultura estão a tornar-se cada vez mais escassas, o que leva a uma maior concorrência entre a produção de bioenergia e de alimentos" (Knauf e Luebbeke, 2007, p.4).

A produção de bioenergia no distrito de Schwarzwald-Baar, em Baden-Württemberg, tem crescido nos últimos dez anos. Entre 2004 e 2012, a capacidade de energia instalada das centrais eléctricas a biogás quintuplicou (LEL, 2013). Consequentemente, o número de centrais de biogás também aumentou, passando de 23 em 2004 para 41 em 2012.

Figura 1: Uma central eléctrica a biogás.
Foto: Martina Nolte (http://www.manderfeld-entsorgung-agrar.de/duengemittel.html)

As estatísticas acima ilustram a importância da produção de bioenergia. As centrais eléctricas a biogás requerem uma combinação específica de substratos para gerar eletricidade. Além disso, funcionam com diferentes capacidades. Alguns dos substratos utilizados que constituem a matéria seca total necessária para a produção de energia são: Chorume - 29 %, estrume sólido - 5 %, silagem de milho - 43 %, silagem de culturas inteiras - 5 %, silagem de gramíneas - 12 % e outros - 4 % (Stenull et al., 2011, p. 9).

Neste estudo, o foco é exclusivamente o milho de silagem. A investigação da forma como o milho de silagem pode influenciar a produção de bioenergia é crucial para a tomada de decisões e a adoção de políticas. É igualmente importante identificar o impacto das alterações no uso do solo resultantes de diferentes produções de milho de silagem.

É igualmente importante poder demonstrar como a produção de milho de silagem afecta a produção de eletricidade e os padrões de utilização dos solos em resultado do cultivo em monocultura. O cultivo de uma única cultura energética, como o milho de silagem, tem um efeito prejudicial na biodiversidade. O conhecimento deste facto é útil para apoiar os decisores e planeadores na elaboração de políticas.

1.2 O problema de investigação

As terras bioprodutivas são necessárias para a produção de bioenergia. A procura dessas terras para a produção de bioenergia também concorre com a procura de produção alimentar e de alimentação do gado. O milho de ensilagem é um componente importante da produção de bioenergia, mas é cultivado em monoculturas, o que tem um impacto negativo na biodiversidade. O cultivo do milho também deu origem a casos de erosão dos solos. A cultura do milho deu origem a casos de erosão dos solos nalgumas regiões da Alemanha, especialmente nas encostas (Finke et al., 1999, p.7).

Uma vez que o milho de silagem é cultivado nas mesmas terras que são adequadas para a produção de alimentos, é importante determinar de que forma a produção de bioenergia é afetada e mostrar o impacto da produção de milho de silagem na utilização dos solos. Ao visualizar e simular estas alterações na utilização dos solos, o impacto do milho de silagem na produção de bioenergia pode ser melhor compreendido. As projecções da relação entre a procura potencial de energia e a área de milho de silagem necessária são úteis para uma melhor sensibilização na elaboração de políticas. Com esta informação, as partes interessadas do sector agrícola podem ponderar uma variedade de opções antes de tomarem decisões sobre a produção de bioenergia.

1.3 Objectivos

O objetivo deste estudo é, portanto, investigar o impacto do milho de silagem na produção de bioenergia e nos padrões de uso da terra. Para atingir este objetivo, são necessários os seguintes objectivos, nomeadamente

(1) Desenvolvimento de um modelo para calcular a pegada ecológica (em hectares de milho de silagem) das centrais de biogás na área de estudo que possa ser aplicado a qualquer região.

(2) Quantificação dos efeitos da cultura do milho de silagem na produção de bioenergia na zona de estudo.

(3) Previsão de diferentes cenários de utilização do solo com base em hectares de milho de silagem, número de centrais eléctricas a biogás e capacidade energética total (em quilowatts).

Capítulo 2 Revisão da literatura

Foram efectuados vários estudos no domínio da produção de bioenergia e do conceito de pegada ecológica. Nos estudos sobre a pegada ecológica, o foco é a pegada ecológica humana. Neste estudo, porém, o conceito de pegada ecológica é utilizado em relação à produção de bioenergia.

2.1 Análises GIS para a produção de bioenergia

Têm sido efectuados estudos no domínio da bioenergia e da produção alimentar. A questão da biomassa parece ser importante, e estes estudos tentaram abordar várias questões relacionadas com a bioenergia que se aplicam tanto aos países ocidentais como aos países em desenvolvimento onde a agricultura é uma parte essencial da economia.

Koikai (2008) analisa algumas regiões de uma determinada província do Quénia onde a produtividade do milho é muito elevada. O milho é uma cultura ideal que fornece biomassa para a produção de bioetanol. A sua ideia surgiu da necessidade de encontrar locais adequados para instalações de transformação de bioetanol na região de Nyanza. Utiliza a extensão Spatial Analyst do ArcGIS para desenvolver um modelo que permite localizar estas unidades de transformação de bioetanol, tendo em conta factores como a proximidade das explorações de milho, e criar representações espaciais de áreas de baixo e alto potencial onde podem ser instaladas. Também utiliza o modelo para prever áreas adequadas para o futuro cultivo de milho. Para criar estes novos dados, os dados vectoriais/grid existentes são utilizados como entrada para o modelo de adequação. Este modelo mostra as cidades ideais na área de estudo que são os melhores locais para as fábricas de processamento de bioetanol.

A identificação das culturas bioenergéticas é muito importante para qualquer tipo de análise. À semelhança do estudo de caso no Quénia, Hoehn et al. (2013) identificam fontes de biomassa e determinam locais adequados para centrais de biogás no sul do país
Finlândia. Utilizando o SIG, calculam mapas de densidade de kernel para localizar áreas com biomassa altamente concentrada. A densidade de Kernel é uma ferramenta de geoprocessamento no ArcGIS que calcula a densidade a partir de caraterísticas de pontos ou linhas utilizando uma função específica de "kernel". O utilizador define raios de transporte específicos a partir da fonte de biomassa e compara-os com a energia que as centrais de biogás podem produzir.

Mesmo que se encontrem culturas energéticas e se produza energia, tal pode ter várias consequências. Como a terra é a principal fonte de qualquer atividade bioenergética, a sua utilização pode mudar devido ao cultivo de culturas energéticas. Pedroli et al. (2012) avaliam as vantagens e desvantagens do cultivo de culturas de biomassa para a biodiversidade numa perspetiva mais ampla. Estudaram seis países europeus, nomeadamente a Bélgica, a Dinamarca, a Finlândia, os Países Baixos, a Suécia e a Eslováquia, para determinar se estes países cumprem os objectivos da UE 2020 em matéria de conservação da biodiversidade durante o cultivo de culturas energéticas.

Com a ajuda dos relatórios de estudos específicos de cada país e das estatísticas dos planos de ação nacionais para as energias renováveis, podem responder às suas questões de investigação. Na categoria de utilização dos solos pelo cultivo de culturas de biomassa sobre a biodiversidade, constatam que um aumento da procura de biomassa leva a uma conversão de habitats em terras aráveis necessárias para o cultivo de culturas de biomassa.

Está a ser realizado um estudo semelhante na Áustria, centrado nas consequências para o uso do solo se a produção de culturas bioenergéticas for aumentada. Stuemer et al. (2013) utilizam dados biofísicos e económicos para analisar os custos do aumento da produção de culturas bioenergéticas. Utilizam dados com uma resolução de pixel de 1 quilómetro quadrado para criar um mapa da Áustria que mostra as diferentes percentagens de terras aráveis disponíveis que poderiam ser utilizadas para a produção de alimentos ou de biomassa. Utilizam também estes dados para mostrar a produção total de culturas bioenergéticas em terras aráveis para cada município da Áustria. Com estes dados processados, conseguem visualizar espacialmente as áreas potenciais para o cultivo de biomassa e as alterações associadas ao uso do solo. O seu objetivo é tornar esta informação útil para os planeadores regionais e para todos os envolvidos no tema da bioenergia.

Um problema importante na produção de bioenergia é a competição pela terra disponível entre as culturas energéticas e a produção alimentar e o seu impacto nos padrões de utilização da terra. Por este motivo, Zubaryeva et al. (2012) avaliam o potencial de biogás na província de Lecce, no sudeste de Itália. Investigam a forma como as matérias-primas podem ser utilizadas de forma optimizada para a produção de biogás. Ao avaliar a disponibilidade de terrenos, adicionam várias camadas de proteção à base de dados SIG. Tendo em conta as várias restrições de terras, podem determinar as áreas potenciais de biogás na província de Lecce.

Sliz-Szkliniarz e Vogtb (2012) desenvolvem um modelo SIG que pode ser utilizado para determinar a localização óptima dos digestores anaeróbios. Centram-se no estrume de bovinos e suínos como a principal matéria-prima utilizada como substrato para a produção de biogás. Utilizam um conceito conhecido como processo de hierarquia analítica

(AHP) com SIG para criar diferentes tipos de cenários para áreas óptimas de biogás.A análise utilizada neste estudo baseia-se nestes estudos anteriores. No entanto, o foco deste estudo está nas áreas adequadas para o cultivo de milho para silagem e não na adequação específica do local para a localização óptima das centrais eléctricas a biogás. À semelhança dos estudos de Stuemer et al. (2013), este estudo tem como objetivo visualizar potenciais áreas utilizáveis para o cultivo de milho de silagem.

2.2 O conceito de pegada ecológica

O conhecimento sobre a pegada ecológica e os métodos de cálculo desta pegada têm sido objeto de investigação aprofundada por vários autores ao longo dos anos. Moffatt (2000) avalia o impacto da pegada ecológica na sustentabilidade do desenvolvimento humano. Esta avaliação baseia-se na necessidade de criar um sentimento de harmonia entre as gerações actuais e futuras em relação ao ambiente.

Para ilustrar este facto, Moffatt deduz, com base em estudos anteriores, que nos Países Baixos a área necessária para sustentar a população é quinze vezes superior à área terrestre atual. Para reduzir esta pegada ecológica e fazer avançar o conceito de desenvolvimento sustentável, Moffatt (2000) propõe o desenvolvimento de um modelo de simulação dinâmica integrado no SIG para medir espacial e temporalmente as práticas com impacto no desenvolvimento sustentável.Num estudo relacionado, Chang e Xiong (2005) desenvolvem um modelo que combina factores de consumo e população e aplicam-no para prever a capacidade ecológica utilizando o SIG. Com este modelo, conseguem calcular a pegada ecológica e a capacidade ecológica em 1995 numa área de estudo na China. Com base nos resultados obtidos, prevêem que a pegada ecológica na área de estudo na China está a aumentar constantemente e que a capacidade ecológica aumenta nos primeiros cinco anos e diminui nos cinco anos seguintes.

Kitzes et al (2007), por outro lado, utilizam um método conhecido como pegada ecológica para calcular a pegada ecológica global e a biocapacidade de cinco tipos de utilização dos solos em 2003: Terras de cultivo, pastagens, zonas de pesca, florestas e áreas construídas. A soma das pegadas ecológicas e das biocapacidades já foi mencionada na introdução. A partir destes valores, pode deduzir-se que a biocapacidade por pessoa é de 1,8 hectares globais. Este valor é calculado dividindo os 11,2 mil milhões de hectares globais de terras bioprodutivas pela população mundial de 6,3 mil milhões em 2003.

No contexto deste estudo, é analisada a "pegada ecológica" das centrais eléctricas a biogás. À semelhança da pegada ecológica dos seres humanos, aplica-se o mesmo conceito, mas neste caso relacionado com as centrais eléctricas a biogás. Assim, é analisada a quantidade de área de terra biologicamente produtiva exigida pelas centrais de biogás para produzir o milho de silagem utilizado como matéria-prima.

Capítulo 3 Metodologia

A partir da visão geral de outras investigações no capítulo anterior, é lógico deduzir que a terra é um recurso fundamental para a produção de bioenergia. Este capítulo resume brevemente os componentes básicos necessários para a análise. Um dos objectivos descritos no Capítulo 1 era desenvolver um modelo para determinar a área máxima de milho de silagem numa dada região, com base em determinados pressupostos. **A figura 2** ilustra os diferentes factores de entrada que foram utilizados para a conceção do modelo com a ajuda do model builder.

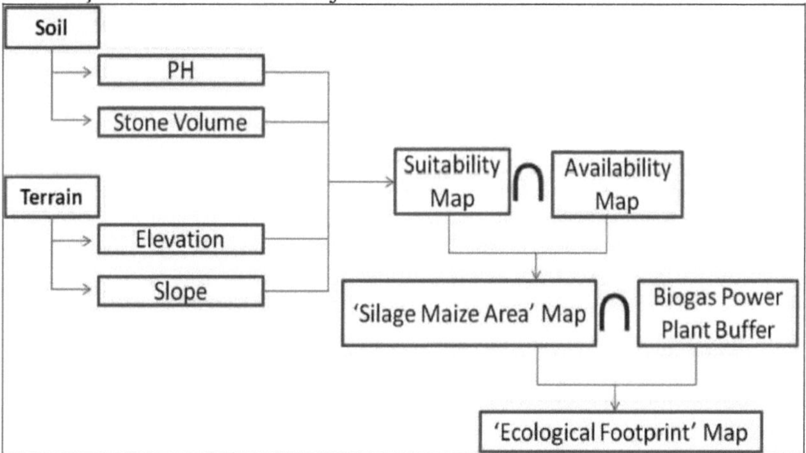

Figura 2: Fluxograma que descreve as várias entradas de dados utilizadas no desenvolvimento do modelo

3.1 Determinação das superfícies adequadas para a cultura do milho de silagem

Para determinar o mapa de aptidão do milho para silagem, são tidas em conta as caraterísticas do solo e do terreno, como o valor de pH do solo, o volume de pedras no solo, a altitude e a altura. Para cada um destes factores de entrada, existem determinadas condições de aptidão que são necessárias para o necessário crescimento do milho de silagem. O mapa produzido mostra as zonas onde o milho de silagem pode ser cultivado, ordenadas do menos para o mais adequado.

3.2 Determinação das superfícies disponíveis para a cultura do milho de ensilagem

Uma zona pode ser adequada para uma determinada atividade, mas não estar necessariamente disponível. Para ter isso em conta, o mapa final de aptidão do milho para silagem é intersectado com as áreas disponíveis para obter apenas as áreas que são simultaneamente aptas e disponíveis. O conjunto de dados CORINE sobre a utilização dos solos é utilizado para determinar as zonas indisponíveis e estas são excluídas da análise.

3.3 Introdução das centrais eléctricas a biogás

São identificadas trinta e duas centrais eléctricas a biogás e as suas localizações reais são cartografadas por geocodificação. É definida uma distância de proteção que representa a área máxima necessária para a produção de bioenergia. Este buffer é então intersectado com o mapa de aptidão/disponibilidade já derivado. Esta intersecção resulta num mapa da pegada ecológica. Este mapa representa a pegada ecológica das 32 centrais eléctricas a biogás.

3.4 Área de estudo

A área de estudo é o distrito de Schwarzwald-Baar (**Figura 3**), um dos 44 *distritos* do estado de Baden-Württemberg, no sudoeste da Alemanha. É constituído por 20 *municípios*, sendo Villingen Schwennigen a sua capital, e situa-se na região de Schwarzwald-Baar-Heuberg, que faz parte do distrito administrativo de Freiburg im Breisgau. A região de Schwarzwald-Baar-Heuberg estende-se desde a Floresta Negra, a oeste, até à zona do Großer Heuberg, no Alb da Suábia, a leste.2012 De acordo com o *Instituto Nacional de Estatística de Baden-Württemberg,* Schwarzwald-Baar tem uma superfície total de 102 526 hectares, 204 585 habitantes e uma densidade populacional de 200 habitantes por quilómetro quadrado.Para além disso, existem 46 649 hectares de área florestal (45,8% de Schwarzwald-Baar e 3,4% de Baden-Württemberg), 4 42624 hectares de terras agrícolas (41,6% de Schwarzwald-Baar e 2,6% de Baden-Württemberg), 1 1786 hectares de área de povoamento (11,5% de Schwarzwald-Baar e 2,3% de Baden-Württemberg) e 665 hectares de área de água (0,6% de Schwarzwald-Baar e 1,7% de Baden-Württemberg). A altitude mais elevada do distrito é de 1.163 metros. A altitude média é de 800 metros. De acordo com as estatísticas de 2013 do *Instituto Nacional de Estatística de Baden-Württemberg*, o número total de explorações agrícolas no distrito de Schwarzwald-Baar é de 1 037, das quais 249 são de milho de silagem. A percentagem de explorações de milho de silagem no número total de explorações em Schwarzwald-Baar é de cerca de 24%. De acordo com o *Instituto Estatal de Desenvolvimento Agrícola e Rural* de Baden-Württemberg, em 2012 estavam em funcionamento 41 centrais eléctricas a biogás. Estas centrais têm uma capacidade instalada de cerca de 10 megawatts de eletricidade.

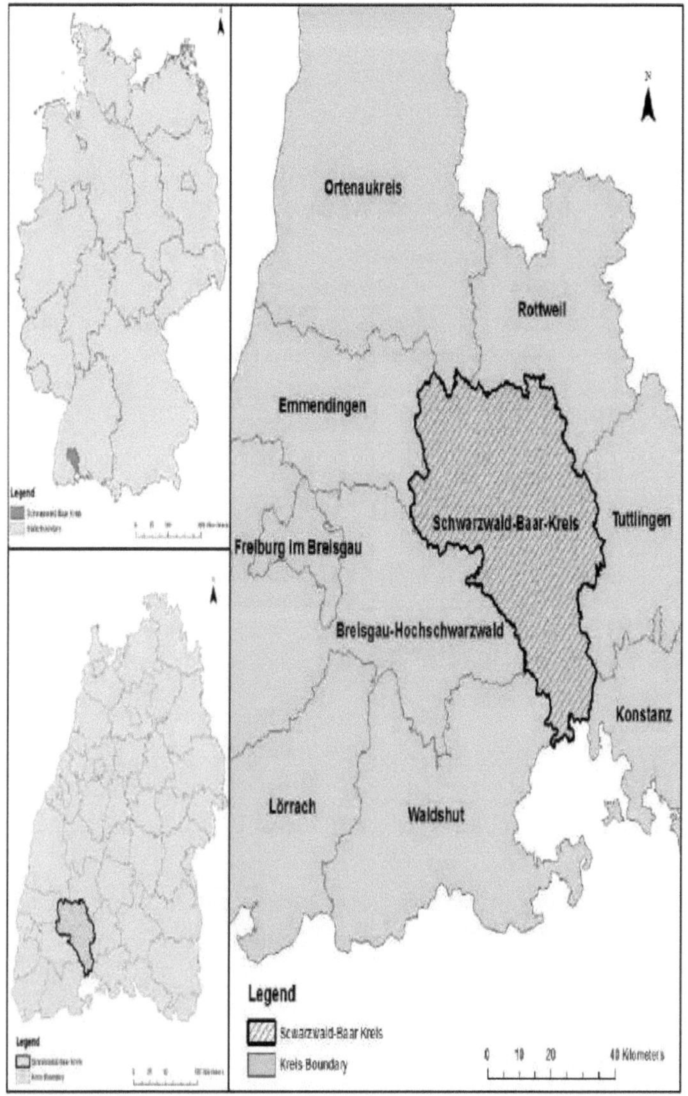

Figura 3: Localização da área de estudo no sudoeste da Alemanha e no estado federal de Baden Württemberg. Localização da área de estudo nos distritos vizinhos

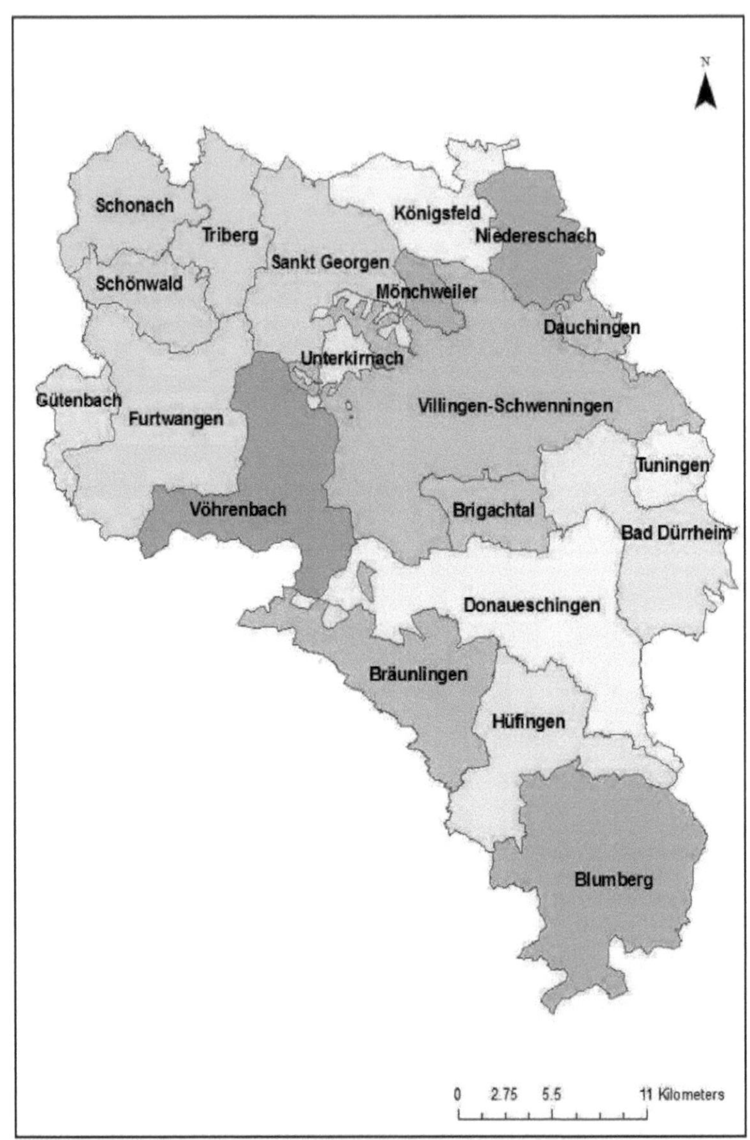

Figura 4: Os 20 municípios (comunidades) do distrito de Schwarzwald-Baar

3.5 Software

A versão ArcGIS 10.1 da ESRI foi utilizada como software principal. O software ArcGIS tem uma caixa de ferramentas Arc, que contém a maioria das ferramentas utilizadas neste estudo. As ferramentas utilizadas incluem "ferramentas de conversão", "ferramentas de gestão de dados", "ferramentas de análise de geodados" e "ferramentas de análise".

3.6 Fontes de dados

Para a análise, foram utilizados dados estatísticos e administrativos do *Serviço Estatal de Estatística de Baden-Württemberg* e da *Agência Estatal para o Desenvolvimento Agrícola e Rural* (LEL).

Os mapas de base sob a forma de shapefiles foram também obtidos junto dos *serviços distritais de Schwarzwald-Baar.* Os dados de utilização do solo CORINE fornecidos pela Agência Europeia do Ambiente, que representam um mapa de utilização/cobertura do solo para a Europa, foram necessários e utilizados para este estudo.

Entre os dados de entrada importantes que também foram utilizados estava a grelha DEM de 25m de Baden-Württemberg. Para além do DEM, foram utilizados vários conjuntos de dados raster da Base de Dados Europeia dos Solos. Estes incluem: 1 km de dados europeus de "declive do solo", 1 km de dados europeus de "quantidade de pedra" e 5 km de dados europeus de "pH do solo". Estes dados podem ser descarregados a pedido através da página de pedido de dados do Portal Europeu do Solo:

http://eusoils.jrc.ec.europa.eu/library/data/_Datarequest/ESDB_RasterLib r ary.html

Capítulo 4 Análises

O objetivo é investigar os efeitos do milho de silagem na produção de bioenergia. Para o efeito, é necessário identificar as zonas potenciais para a cultura do milho de silagem. Neste contexto, as áreas potenciais são definidas como áreas que são simultaneamente adequadas e disponíveis. Para calcular a "pegada ecológica" das centrais de biogás na área de estudo, é necessário estabelecer uma relação entre uma determinada procura de energia e a área de milho de silagem necessária para cobrir essa procura.

Foi desenvolvido um modelo que permite calcular e visualizar a "pegada ecológica" das 32 unidades de biogás. Na primeira fase, é criado um mapa de aptidão para o milho de silagem. Este mapa identifica as áreas adequadas para o cultivo de milho para silagem. Na fase seguinte, devem ser determinadas as áreas disponíveis para cada tipo de cultivo de plantas. A intersecção entre o mapa de aptidão e o mapa de disponibilidade dá a área potencial para o cultivo de milho de silagem. Este mapa mostra as áreas que são simultaneamente adequadas e disponíveis para o cultivo de milho de silagem.

Para determinar quantos hectares de milho de silagem são necessários para cobrir uma determinada necessidade energética, foi necessário determinar uma taxa de conversão. Este rácio entre quilowatts e hectares é utilizado para determinar a distância de segurança para cada central de biogás. A distância de segurança das 32 centrais de biogás é então combinada com a área potencial de milho de silagem para determinar a pegada ecológica desejada.

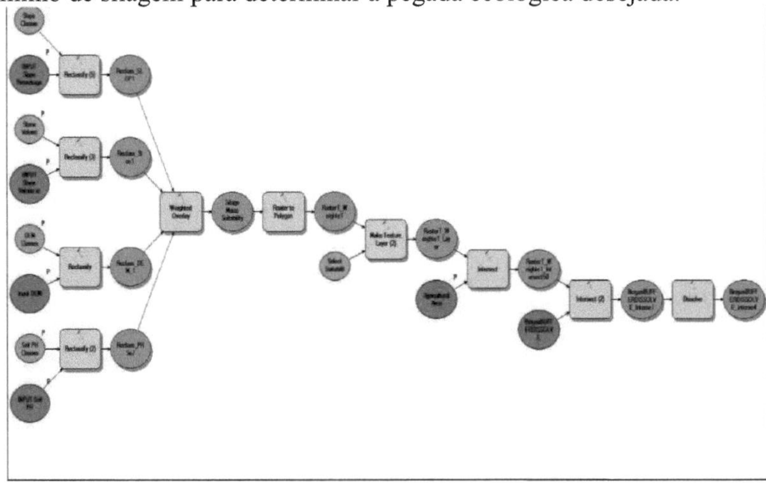

Figura 5: O modelo para visualizar a pegada ecológica das 32 centrais eléctricas a biogás

4.1 Milho de ensilagem Superfície potencial

4.1.1 Cartografia da aptidão do milho para silagem

É necessário determinar as áreas adequadas para a cultura do milho de silagem. Para tal, é necessário um mapa de aptidão. É necessário um certo número de critérios para identificar essas zonas. Como se pode ver na **Figura 2**, as caraterísticas do solo e do terreno constituem os quatro dados de entrada necessários. A combinação destes quatro factores resulta num mapa de aptidão do milho para silagem. Este mapa é utilizado para determinar o local mais adequado para o cultivo de milho de silagem. De acordo com Fiorese e Guariso (2009), alguns dos factores que não são adequados para o cultivo de culturas energéticas são: declive acentuado (mais de 20%); pH do solo inferior a 5,0 ou superior a 8,5; altitude superior a 750 m; solo com pedras, cascalho ou pedregulhos. Os factores de aptidão para o modelo foram determinados com base nestes critérios e nos dados disponíveis. As áreas mais adequadas para o cultivo de culturas energéticas devem, portanto, cumprir as seguintes condições:

- Baixo declive - As zonas com um declive inferior a 20 % são consideradas adequadas.
- Valor do pH do solo entre 5,0 e 8,5
- Altitude inferior a 750 m.
- Ausência de pedras no pavimento

Estes quatro factores de entrada são reclassificados e combinados utilizando a ferramenta "sobreposição ponderada" para criar um mapa de aptidão do milho para silagem. A cada fator de entrada foi atribuída uma escala de adequação que vai do menos ao mais adequado. Uma escala de preferência de 1 é considerada a menos adequada e uma escala de preferência de 5 é considerada a mais adequada. Como se pode ver nos quadros 1, 2 e 3, nem todas as escalas de preferência eram aplicáveis à zona de estudo. A razão para este facto é que a pequena dimensão da área de estudo só pode acomodar um número limitado de classes de aptidão. Uma área de estudo maior tem mais hipóteses de conter todas as classes de aptidão.

O fator de entrada "inclinação" categoriza cada fator do menos adequado para o mais adequado. **O quadro 1** mostra que três das cinco escalas de preferência são aplicáveis à zona de estudo. Embora um declive inferior a 20% seja considerado adequado para a cultura do milho de silagem, a classificação mostra que uma área quase plana com um declive máximo de 8% é a mais adequada para a cultura do milho de silagem.

Slope (%)	Preference Scale	Suitability	Applicability
>35	1	Least Suitable	Not Applicable to Study Area
25 - 35	2	.	Not Applicable to Study Area
15 - 25	3	.	Applicable to Study Area
8 – 15	4	.	Applicable to Study Area
0 - 8	5	Most Suitable	Applicable to Study Area

Quadro 1: Reclassificação da entrada de inclinação

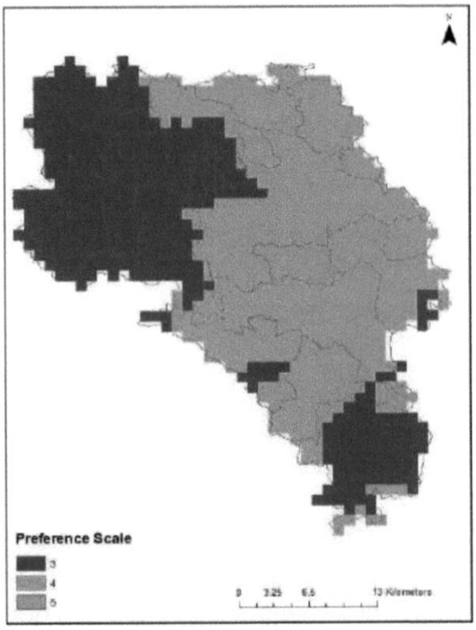

Figura 6: Mapa de reclassificação dos declives

O valor do pH do solo é outro fator de entrada que é necessário para o mapa de aptidão para silagem. O distrito da Floresta Negra-Baar tem uma dimensão de cerca de 1025 quilómetros quadrados, pelo que as flutuações nos valores de pH do solo são muito pequenas. Os grandes pixéis são o resultado da resolução da grelha inicial (**Figura 7**). A grelha foi cortada de uma grelha de 5 km de pH do solo da Europa. Como resultado, apenas as classes 4 e 5 da escala de classificação são aplicáveis à área de estudo. Isto significa que a maior parte da zona de estudo é muito adequada para a cultura do milho de silagem em termos de pH ideal do solo.

PH Values	Preference Scale	Suitability	Applicability
< 2	1	Least Suitable	Not Applicable to Study Area
2.1 - 3.0	2	.	Not Applicable to Study Area
3.1 – 4.0	3	.	Not Applicable to Study Area
4.1 – 5.0	4	.	Applicable to Study Area
5.1 – 8.5	5	Most Suitable	Applicable to Study Area

Quadro 2: Reclassificação do valor de pH do solo

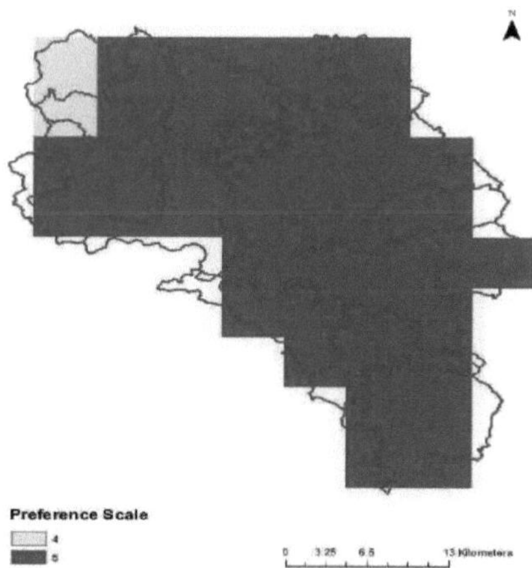

Figura 7: Mapa de reclassificação do valor de pH dos solos

Para visualizar a elevação, o DEM (modelo digital de elevação) da zona de estudo foi recortado do de todo o Estado de Baden Württemberg. A altitude da zona de estudo está distribuída pelas cinco classes. Como se pode ver no quadro 3, as cinco escalas de preferência são aplicáveis à zona de estudo.

Elevation (m)	Preference Scale	Suitability	Applicability
>1001	1	Least Suitable	Applicable to Study Area
901 - 1000	2	.	Applicable to Study Area
801 - 900	3	.	Applicable to Study Area
751 - 800	4	.	Applicable to Study Area
80 - 750	5	Most Suitable	Applicable to Study Area

Quadro 3: Reclassificação da altitude

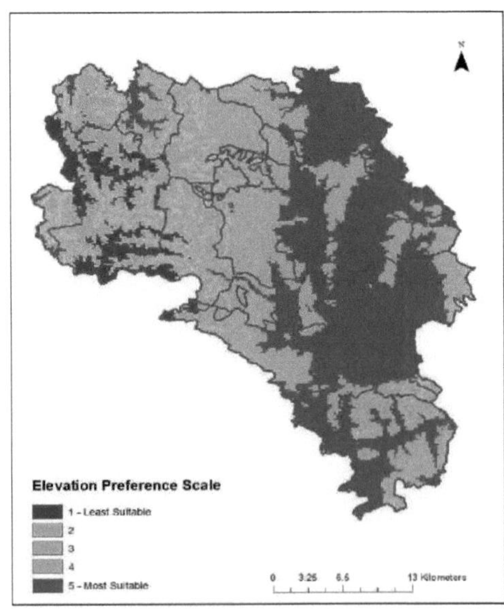

Figura 8: Mapa para a reclassificação da altitude

De acordo com as condições mencionadas no capítulo 4.1.1, os solos que contêm pedras, cascalho ou pedregulhos não são adequados para o crescimento de culturas energéticas. Por outras palavras, para que um solo seja adequado para o cultivo de culturas energéticas eficientes, deve estar livre de todos os tipos de pedras. Os solos com a menor quantidade de pedras são, portanto, considerados os mais adequados.

Stone Volume in Soil (%)	Preference Scale	Suitability	Applicability
25	1	Least Suitable	Not Applicable to Study Area
20	2	.	Not Applicable to Study Area
10	3	.	Applicable to Study Area
15	4	.	Applicable to Study Area
0	5	Most Suitable	Applicable to Study Area

Quadro 4: Reclassificação do volume de pedra

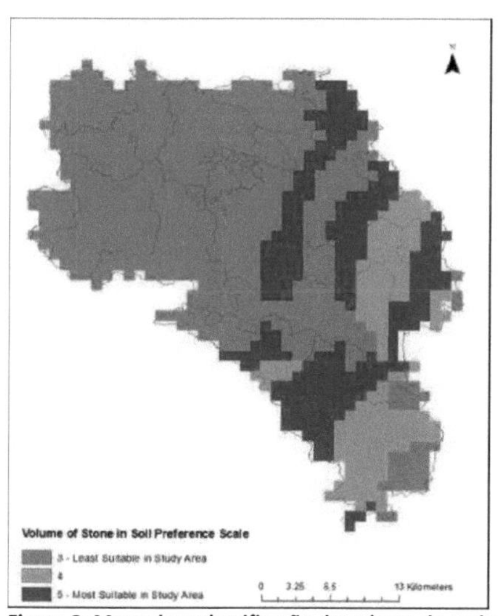

Figura 9: Mapa de reclassificação do volume de pedra

Ao sobrepor estes quatro dados de entrada, é criado um mapa de aptidão do milho para silagem (**Figura 10**). As quatro classes de dados de entrada são combinadas com a ferramenta de análise "Overlay" para criar um mapa de aptidão do milho para silagem. Este mapa está dividido em quatro classes de aptidão, nomeadamente as classes 2, 3, 4 e 5. As zonas com menor aptidão são classificadas como classe 2 e as zonas com maior aptidão como classe 5. Idealmente, com base nesta classificação, a classe 1 deveria ser classificada como a menos adequada, mas, de acordo com o mapa de aptidão do milho para silagem, não é esse o caso. A razão para este facto reside na influência percentual da análise de "sobreposição de pesos" e também na pequena dimensão da área de estudo. Uma área de estudo maior tem mais hipóteses de acomodar todas as classes.

Figura 10: Extrato do modelo de criação do mapa de aptidão para silagem

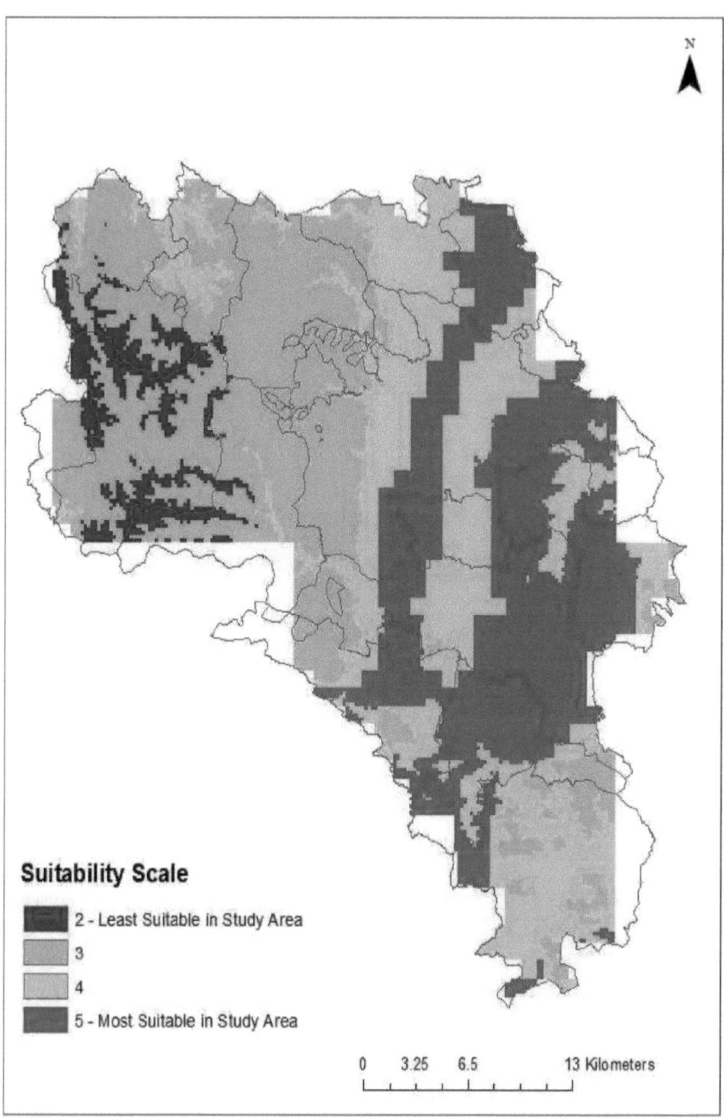

Figura 11: Mapa de aptidão do milho para silagem

4.1.2 Cartografia da disponibilidade de milho de silagem

Um pedaço de terra pode ser adequado para o cultivo de milho de silagem, mas pode não estar disponível devido ao tipo específico de utilização da terra. Alguns exemplos de tais tipos de utilização das terras são as zonas restritas, as zonas de povoamento ou as reservas. Por conseguinte, tiveram de ser excluídas as superfícies adequadas para o milho de silagem que se enquadram nos tipos de utilização das terras acima referidos.

Normalmente, isto significa que todas as terras agrícolas deveriam ser consideradas disponíveis para o cultivo de milho de silagem, mas não é esse o caso. Desde dezembro de 2011, está em vigor em Baden-Württemberg uma lei que proíbe a conversão de pastagens em terras aráveis (Dlz.agrarheute.com, 2011). Esta proibição é aplicável até ao final de 2015. Por este motivo, as terras agrícolas utilizadas como pastagens não foram incluídas na análise.

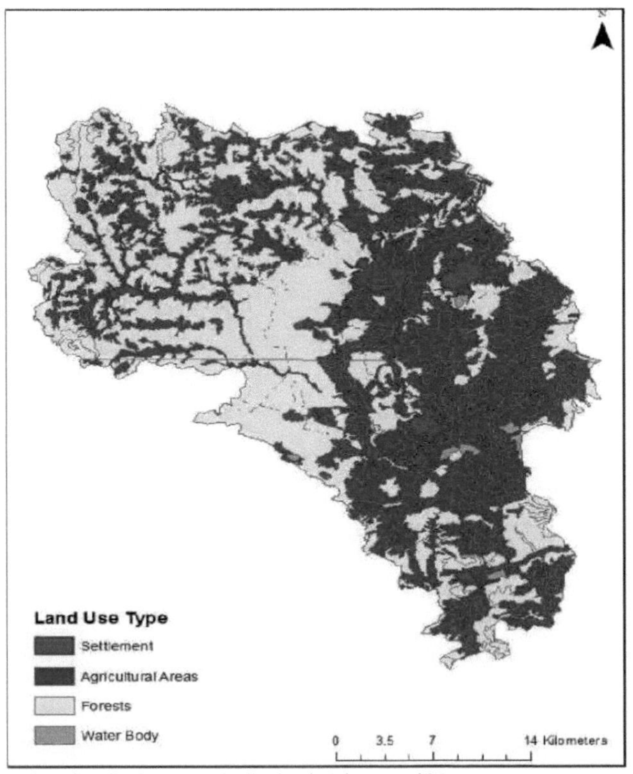

Figura 12: Plano de utilização das terras do distrito de Schwarzwald-Baar

Code	Label 1	Label 2	Label 3	Availability
111	Artificial Surfaces	Urban Fabric	Continuous Urban Fabric	NO
112	Artificial Surfaces	Urban Fabric	Discontinuous Urban Fabric	NO
121	Artificial Surfaces	Industrial, Commercial Transport Units	Industrial or Commercial Units	NO
124	Artificial Surfaces	Industrial, Commercial Transport Units	Airports	NO
132	Artificial Surfaces	Mine, dump and Construction Sites	Dump Sites	NO
141	Artificial Surfaces	Artificial Non-Agricultural Vegetated areas	Green Urban Areas	NO
142	Artificial Surfaces	Artificial Non-Agricultural Vegetated areas	Sport and Leisure Facilities	NO
211	Agricultural Areas	Arable Land	Non-Irrigated Arable Land	YES
231	*Agricultural Areas	Pastures	Pastures	*NO
242	Agricultural Areas	Heterogeneous Agricultural Areas	Complex Cultivation Patterns	YES
243	Agricultural Areas	Heterogeneous Agricultural Areas	Land Principally occupied by agriculture with significant areas of natural vegetation	YES
311	Forest/Semi Natural Areas	Forests	Broad Leaved forests	NO
312	Forest/Semi Natural Areas	Forests	Coniferous forest	NO
313	Forest/Semi Natural Areas	Forests	Mixed forest	NO
324	Forest/Semi Natural Areas	Scrub and/or herbaceous vegetation associations	Transitional woodland Shrub	NO
411	Wetlands	Inland Wetlands	Inland Marshes	NO
512	Water bodies	Marine Waters	Sea and Ocean	NO

Quadro 5: Classes de utilização do solo na Floresta Negra * As "pastagens" agrícolas estão excluídas da disponibilidade

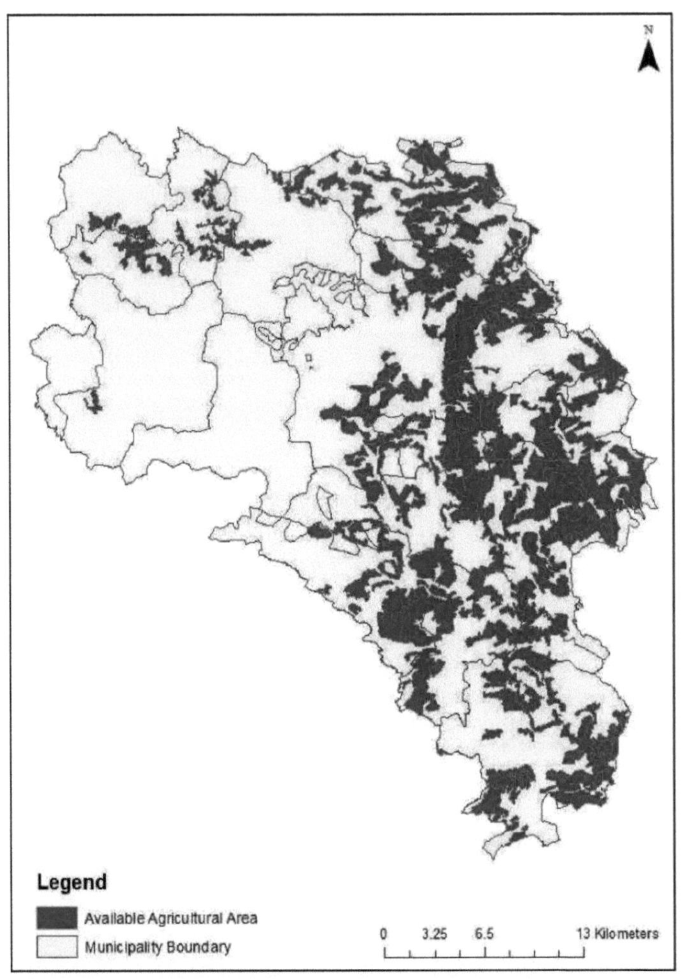

Figura 13: Terras agrícolas disponíveis no distrito de Schwarzwald-Baar

4.1.3 Mapa de adequação e disponibilidade de intersecções

Foi criado um mapa da aptidão e da disponibilidade de milho para silagem. Estes dois mapas podem ser utilizados para determinar facilmente as áreas adequadas e disponíveis. Apenas as duas primeiras classes de aptidão 4 e 5 do mapa de aptidão do milho para silagem foram utilizadas para a intersecção. O resultado desta intersecção é a área potencial de milho para silagem (**Figura 14**). A área total é de 22654 hectares, o que corresponde a cerca de 83,5 % das terras agrícolas disponíveis.

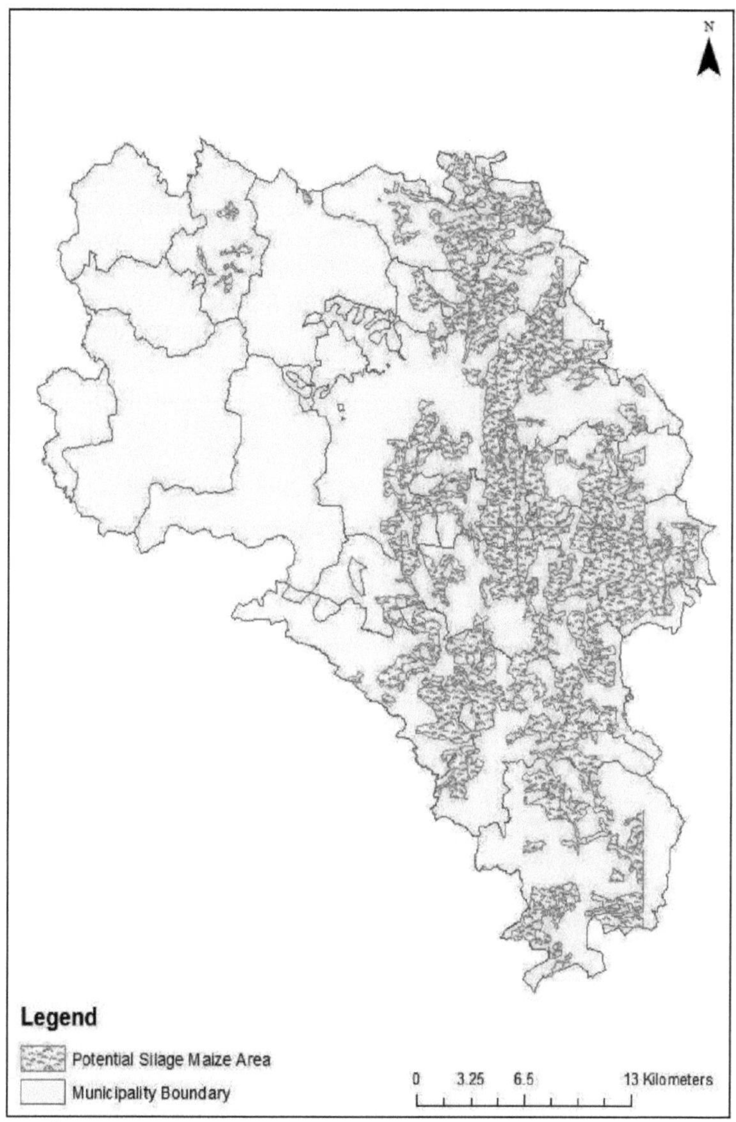

Figura 14: Área potencial de milho de silagem no distrito de Schwarzwald-Baar

4.2 Milho de silagem valorizado como alimento para centrais eléctricas de biogás

No capítulo 4.1, o potencial de milho para silagem foi calculado em

22.654 hectares. Este valor representa a área total adequada e disponível para o cultivo de milho de silagem. Por uma questão de simplicidade, é referido como a "área total estimada de milho de silagem". No entanto, nem todo o milho de silagem produzido na Floresta Negra é utilizado como matéria-prima para centrais eléctricas de biogás. Parte do milho de silagem é também utilizado como alimento para animais (Wikipedia, 2014).

Por conseguinte, a superfície de milho de ensilagem utilizada como alimento para o gado deve ser determinada e deduzida da superfície total estimada de milho de ensilagem. Foram efectuadas deduções lógicas para se chegar a uma estimativa aceitável. A partir do mapa final que mostra a área potencial de milho de silagem, a área total estimada de milho de silagem já foi calculada (**Figura 14**).

ETSM (ha)	-	ESMC (ha)	=	ESMBP (ha)
22654 ha	-	ESMC (ha)	=	**ESMBP (ha)**

Figura 15: Cálculo da área de milho de silagem por hectare para a central eléctrica a biogás

Uma estimativa de quantos hectares de milho de ensilagem são utilizados para alimentar as unidades de biogás só pode ser obtida se forem conhecidos os hectares de milho de ensilagem utilizados para alimentar o gado. Para determinar a área estimada de milho de ensilagem para alimentação do gado em hectares, é necessário calcular a quantidade de milho de ensilagem, em toneladas, utilizada para alimentar todo o gado no distrito de Schwarzwald-Baar. Como não havia dados disponíveis, foi utilizado um método específico para determinar um valor estimado.

A produção de bioenergia no distrito de Schwarzwald-Baar só começou em 2004 (LEL, 2013). Isto significa que todo o milho de silagem produzido em Schwarzwald-Baar antes de 2004 foi utilizado como alimento para animais. Com base nesta informação, pode determinar-se que o milho de ensilagem produzido posteriormente foi utilizado tanto como alimento para animais como matéria-prima para centrais de biogás. Assim, a produção total de milho de silagem que foi utilizada apenas como alimento para animais num determinado ano (2003) foi subtraída da quantidade que foi utilizada tanto como alimento para animais como para a central de biogás num ano posterior (2009). Para determinar esta estimativa, foram tidos em conta vários pressupostos:

Hipótese 1: O número total de bovinos em 2003 e 2009 é o mesmo

Hipótese 2: A superfície total de milho de ensilagem utilizada corresponde aos valores de 2010 (não existem dados disponíveis para 2009) de 2629 hectares

O quadro 7 apresenta as toneladas secas por hectare de 2003 a 2009. Para obter uma estimativa das toneladas de milho de ensilagem utilizadas para alimentar o gado, as toneladas de milho de ensilagem de 2003 são subtraídas das de 2009 (**quadro 7**).

Year	**2003**	**2004**	**2005**	**2006**	**2007**	**2008**	**2009**
dt/ha	456.4	455.7	469.4	507.5	515.2	476	485.2

Quadro 6: Toneladas de milho de silagem seco por hectare e por ano
Fonte: Instituto Nacional de Estatística de Baden-Württemberg

Quadro 7: Estimativa das toneladas de milho de silagem como matéria-prima para as unidades de biogás Fonte: Instituto Nacional de Estatística de Baden-Württemberg

-	-	C1	C2	C3
	Year	Dry tons per hectare	Silage maize (hectares)	Silage Maize Tons [C1 X C2]
No Bioenergy Production	2003	456.4	868	396155
-	.	.	.	-
-	.	.	.	-
-	.	.	.	-
Bioenergy Production	2009	485.2	2629	1275590
Difference between Silage Maize in 2003 and 2009 gives the estimate used as feed for biogas Plants				879435 tons

A quantidade estimada de milho de ensilagem para bovinos (em toneladas) é de **879435 toneladas**. A média de toneladas secas por hectare é obtida a partir de um valor de 480,8 dt/ha para sete anos (**quadro 8**). O resultado é uma área estimada de milho de silagem em hectares para bovinos (ESMC) de 1829 hectares.

Quadro 8: Média de toneladas secas por hectare durante sete anos

Year	2003	2004	2005	2006	2007	2008	2009
dt/ha	456.4	455.7	469.4	507.5	515.2	476	485.2
Average				**480.8 dt/ha**			

A área estimada de milho de silagem para as centrais eléctricas a biogás é calculada a seguir, utilizando a fórmula da **Figura 15:**

20825 hectares de milho de silagem é a área máxima estimada necessária para fornecer parte da matéria-prima para a produção de bioenergia na zona de estudo.

4.3 Hectares de milho de ensilagem para produção de bioenergia

Na subsecção anterior, foi estimada a procura de hectares de milho de silagem para utilização em centrais de biogás. Este valor está ligado a uma certa quantidade de bioenergia. Este subcapítulo analisa esta relação. É importante poder determinar quantos hectares de milho de silagem são necessários para satisfazer uma determinada procura de energia. Para tal, há que ter em conta certos factores e é essencial determinar quantos hectares de milho de silagem são necessários como matéria-prima para as unidades de biogás para produzir 1 quilowatt de energia. Uma vez que o milho de silagem não é a única matéria-prima para a produção de bioenergia, a sua percentagem também deve ser determinada. Para determinar a quantidade de milho de silagem necessária para 1 quilowatt de energia, foram utilizados dados estatísticos do Instituto *Estatal de Estatística de Baden-Württemberg* e do *Instituto Estatal para a Agricultura e o Desenvolvimento Rural.*

De acordo com as estatísticas do *Instituto Estatal de Agricultura e Desenvolvimento Rural,* em 2010, o distrito de Schwarzwald-Baar dispunha de uma potência energética instalada de 9140 quilowatts. No mesmo ano, 2629 hectares foram utilizados para o cultivo de milho de silagem, de acordo com o *Instituto Estatal de Estatística de Baden-Württemberg.* Os dados estatísticos destes dois serviços estatais foram combinados e são apresentados no **Quadro 9**.

Year	Installed Capacity (KW)	Total Number of Silage Maize Hectares
2010	9140	2629

Quadro 9: Dados sobre a produção de energia e a superfície de milho de silagem em 2010
Fontes: Instituto Estatal de Estatística de Baden-Württemberg e Instituto Estatal para a Agricultura e o Desenvolvimento Rural

Com base na área total de milho de ensilagem de 2629 hectares estimada para 2010 e no milho de ensilagem para bovinos já estimado no Capítulo 4.2, calcula-se a área estimada de milho de ensilagem para as unidades de biogás em 2010. Para o efeito, deve ser utilizada a fórmula da **figura 15**. O cálculo é apresentado a seguir:

A ESMBP tem 800 hectares em 2010. 800 hectares de milho de silagem

foram utilizados pelas centrais de biogás para produzir energia. A capacidade total instalada em 2010 era de 9140 quilowatts, mas o milho de silagem não é a única matéria-prima utilizada para a produção de energia. De acordo com Stenull et al. (2011), o milho de ensilagem representa 43 % dos substratos utilizados como matéria-prima. Consequentemente, o milho de ensilagem só é responsável por 43 % da capacidade energética total de 9140 quilowatts. Com base neste rácio, pode estimar-se que 800 hectares de milho de ensilagem correspondem a 3930 quilowatts de eletricidade e que 1 quilowatt corresponde a 0,2 hectares.

800 hectares = 3930 KW

1 KW = 0,2 hectare

Este rácio derivado de estimativas baseia-se num estudo da Dra. Anette Hartmann, publicado no *"Statistische Monatsheft Baden-Württemberg 7/2008"*. O estudo resulta numa relação de 1 quilowatt para 0,5 hectares, pelo que a energia proposta em quilowatts é multiplicada por um fator de 0,2 para determinar a área de hectares de milho de silagem necessária. Para a multiplicação, foi desenvolvida uma interface gráfica de utilizador simples com script Python (ver Apêndice A). Multiplica cada entrada que representa a produção de quilowatts proposta por um fator de 0,2 para obter a área de milho de silagem necessária em hectares. **A Figura 16** apresenta um exemplo.

Figura 16: Interface gráfica do utilizador para o cálculo dos hectares de milho de silagem com base na energia proposta em quilowatts

4.4 Mapeamento da zona de proteção das centrais eléctricas a biogás

O rácio energia/hectare já foi determinado no subcapítulo anterior. A distância de segurança necessária para cada unidade de biogás é determinada a partir deste rácio. A distância tampão definida resulta numa área de abastecimento que representa a necessidade de hectares de milho de silagem disponíveis para cada central de biogás. A zona tampão resolvida para todas as 32 centrais de biogás é intersectada com a área disponível e o resultado da intersecção é a "pegada ecológica" das 32 centrais.

Para determinar a distância de proteção, deve ser calculada a área de cobertura necessária para cada unidade de biogás. Esta área de cobertura resulta do rácio energia-hectare já estimado e do rendimento energético médio por central de biogás. O rendimento médio por central de biogás em 2012 foi de 245,46 quilowatts (LEL, 2013). Com base neste valor, é utilizado um valor arredondado de 245 quilowatts como rendimento médio da central de biogás.

O rácio energia/hectare é de 1 quilowatt para 0,2 hectares. Com uma produção média de 245 quilowatts por central eléctrica a biogás, cada central eléctrica a biogás necessita de uma área de abastecimento de 49 hectares. Para criar uma área de abastecimento de 49 hectares, é necessária uma distância de proteção de aproximadamente 395 metros.

O primeiro passo para a criação de um buffer consiste em determinar a localização efectiva das centrais eléctricas a biogás na zona de estudo. Utilizando os códigos postais (**Quadro 10**), as localizações reais das centrais eléctricas a biogás foram geocodificadas no mapa da área de estudo. O resultado pode ser visto na **Figura 17.**

É então criado e dissolvido um buffer de 395 metros para cada unidade de biogás. O objetivo é que a área resolvida seja de 1568 hectares, mas não é esse o caso. O buffer dissolvido resulta numa área de cobertura total de 1465 hectares (**Figura 18**). Isso é cerca de 103 hectares a menos do que a área de cobertura desejada.

ID	Address	Municipality	ID	Address	Municipality
1	Altweg 20, 78052	Villingen-Schwenningen	17	ImHaberfeld 97, 78166	Donaueschingen
2	Augenmoosstrasse, 39, 78052	Villingen-Schwenningen	18	Immenhoefe 17, 78166,	Donaueschingen
3	Fohrlenhof, 78052	Villingen-Schwenningen	19	Mistelbrunnerstrasse 1 e, 78166	Hubertshofen
4	Nordstetten 18, 78052	Villingen-Schwenningen	20	Auf dem Hundsrueck 2, 78183	Huefingen
5	Nordstetten 20, 78052	Villingen-Schwenningen	21	Boehmerlandstrasse 1, 78183	Huefingen
6	Stumpenstrasse 29, 78052	Villingen-Schwenningen	22	Dorfstrasse 47, 78183	Huefingen
7	Alt-Schmiedshof, 78078	Niedereschach	23	Griesweg 21, 78183	Huefingen
8	Schliethof 78078	Niedereschach	24	Roemerstrasse 25, 78183	Huefingen
9	Tannenhoefe 2, 78087	Moenchweiler	25	Bruggenerstrasse 17, 78199	Braeunlingen
10	Schabelhoefe 1 78176	Blumberg	26	Burgring 1, 78199	Braeunlingen
11	Bondelstrasse 28, 78086	Brigachtal	27	Burgring 16, 78199	Braeunlingen
12	Hippengehr 4, 78089	Unterkirnach	28	Doeggingerstrasse 41, 78199	Braeunlingen
13	Obertal 3, 78120	Furtwangen	29	Eichenhof, 78199	Braeunlingen
14	Rupertsbergweg 21, 78122	Sankt Georgen	30	Faebergasse 18, 78199	Braeunlingen
15	Donaustrasse 4, 78166	Donaueschingen	31	Im Brand 2, 78199	Braeunlingen
16	DuerrheimerStrasse 81, 78166	Donaueschingen	32	Palmhof, 78199	Braeunlingen

Quadro 10: Localização das centrais eléctricas a biogás na área de estudo. Fonte: Artigo da reunião do Parlamento Europeu sobre regulamentação de 21 de outubro de 2009

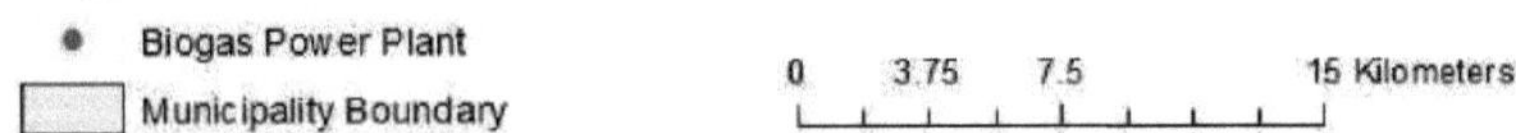

Figura 17: Localização de 32 centrais de biogás na Floresta Negra

A razão para este facto é a sobreposição de áreas de unidades de biogás muito próximas umas das outras. Idealmente, cada unidade de biogás deveria ter uma área de abastecimento fixa, mas a sobreposição de zonas-tampão significa que algumas unidades de biogás teriam uma área de abastecimento mais pequena. Consequentemente, foi encontrada uma solução para igualar as áreas adicionais.

Por conseguinte, a área de estudo deve ser alargada em mais 103 hectares. Uma vez que não é possível no ArcGIS colocar automaticamente um polígono irregular numa área específica, foi necessário escrever um script Python (ver Apêndice A). Quando este script é executado, testa diferentes distâncias de proteção em intervalos fixos até atingir uma área desejada e parar.

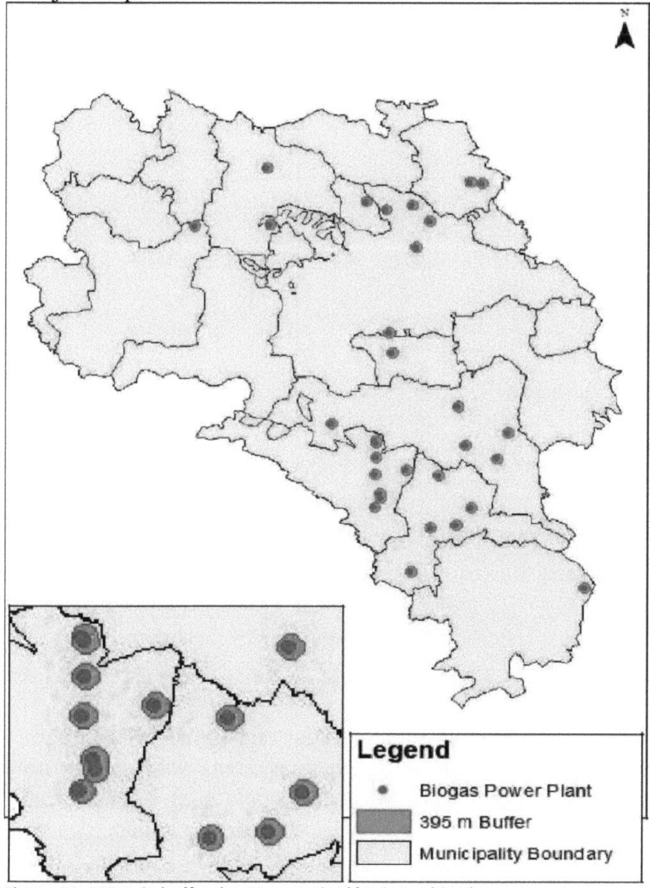

Figura 18: 395m de buffer das 32 centrais eléctricas a biogás

As entradas requeridas pelo script são uma distância de buffer inicial, um número de intervalo, o intervalo atual e o intervalo desejado. Este é um processo iterativo que requer alguma intervenção manual. Isto significa que a distância da memória intermédia e o número do intervalo são alterados após execuções sucessivas do script Python até que o intervalo de saída esteja o mais próximo possível do intervalo pretendido. Depois de o script Python ter sido executado, todo o intervalo de deteção é armazenado em buffer para otimizar a
a área pretendida (**Figura 20**).

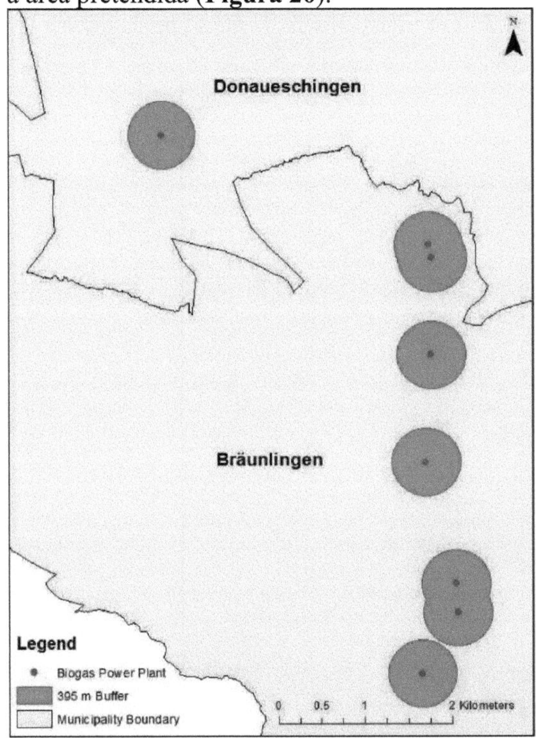

Figura 19: Tampão de sobreposição no município de Braeunlingen

As zonas-tampão sobrepostas estão destacadas na **Figura 19**. Também se pode ver na área de estudo que existem duas áreas sobrepostas no município de Braeunlingen. Esta é a razão exacta pela qual 103 hectares não correspondem à área desejada. Após a execução do guião, a área tampão total resolvida corresponde agora à área desejada de 1568 hectares.

Figura 20: O novo buffer da central de biogás com uma área de 1568 hectares é agora utilizado como entrada no modelo.

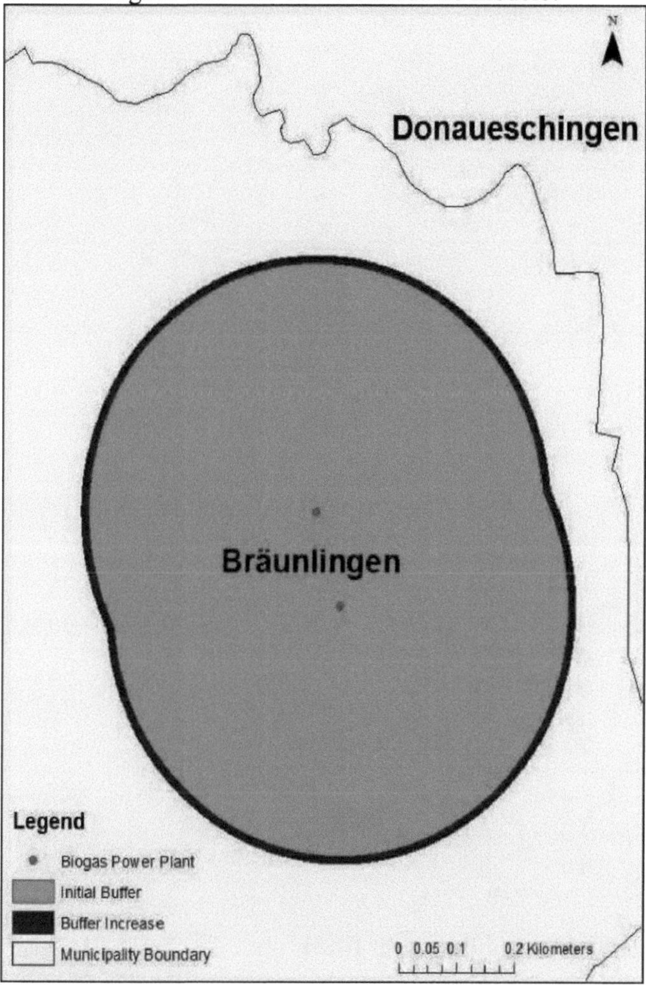

Figura 20: Aumentar a memória intermédia para a área pretendida

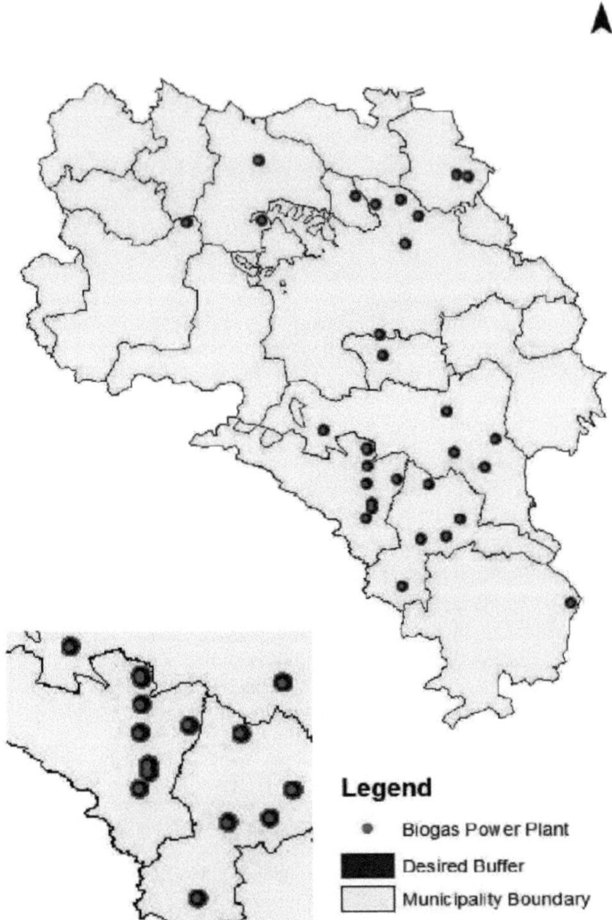

Figura 21: Saída desejada da memória intermédia

4.4.2 Intersecção e mapa de saída final

Já foram obtidos dois resultados. O primeiro é a área potencial de milho para silagem; mostra as áreas que são tanto adequadas como disponíveis. A segunda saída é a área de disponibilidade de milho para silagem; esta indica áreas que não têm restrições para uma mudança no uso da terra. Apenas as duas primeiras classes de aptidão são utilizadas para a intersecção com o mapa de disponibilidade. O resultado é a pegada ecológica das 32 centrais eléctricas a biogás com um rendimento médio de 245 quilowatts. A pegada ecológica calculada a partir do mapa é de 547 hectares (**Figura 22**).

Este valor corresponde à necessidade de 32 centrais eléctricas de biogás na área potencial de milho de silagem para gerar bioenergia. Este número baseia-se no pressuposto de que a capacidade energética máxima por central de biogás é de 245 quilowatts.

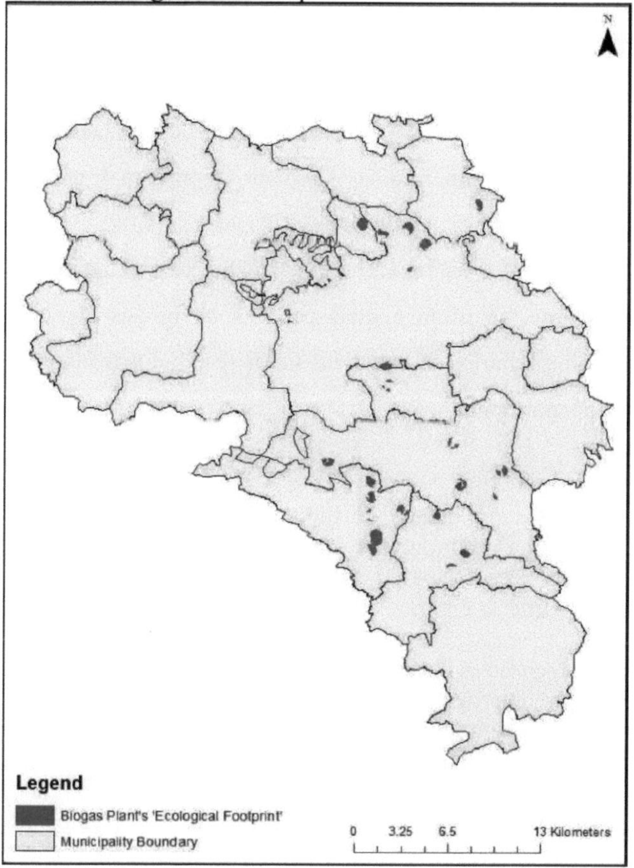

Figura 22: 'Pegada ecológica' de 32 centrais eléctricas a biogás no distrito de Black Forest-Baar

4.5 Simulação da utilização de terras para silagem de milho

As estimativas efectuadas nos capítulos anteriores foram parcialmente influenciadas pela localização das centrais de biogás. Por outras palavras, as análises efectuadas nestes subcapítulos são mais adequadas às zonas onde a bioenergia já está a ser produzida. No capítulo 4.3, foi determinado o fator de conversão para determinar os hectares de milho de silagem necessários para cobrir uma dada procura de energia.

Este fator de 0,2 é utilizado na conversão das necessidades energéticas (quilowatts) em hectares de milho de silagem para a simulação do uso da terra. As simulações para a área de estudo mostram os efeitos dos hectares de milho de silagem em relação à área agrícola total. Para as zonas onde atualmente não existe produção de bioenergia, é necessário compreender o impacto da produção de milho de silagem nos padrões de utilização dos solos. Por conseguinte, é importante analisar o impacto da procura de energia na área de milho de silagem e nas centrais eléctricas a biogás. Nesta simulação, assume-se que não existem actividades de bioenergia na área de estudo e, por conseguinte, as trinta e duas centrais de biogás não têm qualquer impacto. Vários cenários são avaliados e os resultados resultantes são explicados em mais pormenor.

Dependendo de quantos quilowatts de bioenergia são necessários no distrito de Schwarzwald-Baar, é importante poder estimar quantos hectares de milho de silagem são necessários para cobrir esta procura de energia. Outro fator importante é que as centrais eléctricas a biogás funcionam com diferentes capacidades.

Foram testados três rendimentos diferentes de centrais de biogás para esta simulação, a fim de determinar os efeitos no número de centrais de biogás necessárias. Também é importante saber a proporção de hectares de milho de silagem na área agrícola total. Quatro mapas de simulação diferentes foram produzidos para necessidades energéticas de 20.000, 15.000, 10.000 e 2.500 quilowatts e podem ser comparados e discutidos. Os mapas também mostram a relação entre a área de milho de silagem e a área agrícola total.

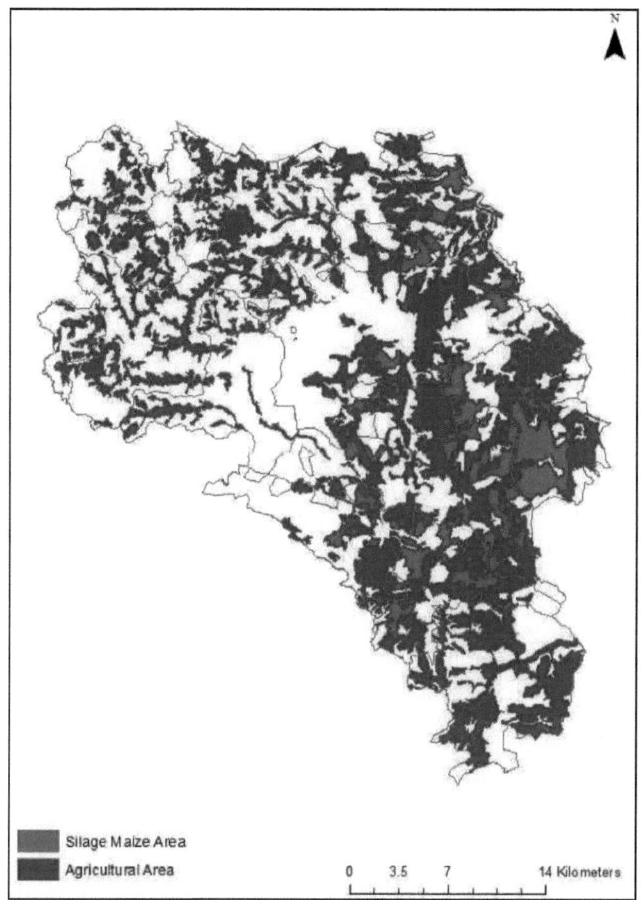

Figura 23: Mapa da procura de energia de 20000KW

Uma necessidade energética de 20.000 quilowatts requer um hectare de milho para silagem de 4.000 hectares de milho para silagem. 8,3 % da superfície agrícola total é necessária para cobrir uma necessidade energética de 20.000 (**Quadro 11**). Como as centrais eléctricas a biogás têm diferentes capacidades, também se pode ver o número de centrais eléctricas a biogás necessárias para diferentes capacidades de centrais eléctricas. A área de milho de silagem necessária para cobrir uma demanda de energia de 20.000 quilowatts é mostrada visualmente no mapa (**Figura 23**)

Energy Output Demand (Kilowatt)	Silage Maize Area (Hectare)	Silage Maize % of TAA	Biogas Plant Average Yield (Kilowatt)	Required Biogas Power Plants
20000	4000	8.3	200	100
			240	83
			300	66

Tabela 11: Procura de energia a 20000KW

Uma redução da necessidade de energia para 15.000 quilowatts requer 3.000 hectares de milho de silagem para cobrir a demanda (**Tabela 12**). Uma comparação entre as necessidades energéticas de 20.000 e 15.000 quilowatts, com uma média de 240 quilowatts por central, requer 83 e 63 centrais eléctricas a biogás, respetivamente.

Energy Output Demand (Kilowatt)	Silage Maize Area (Hectare)	Silage Maize % of TAA	Biogas Plant Average Yield (Kilowatt)	Required Biogas Power Plants
15000	3000	6.2	200	75
			240	63
			300	50

Tabela 12: Procura de energia a 15000KW

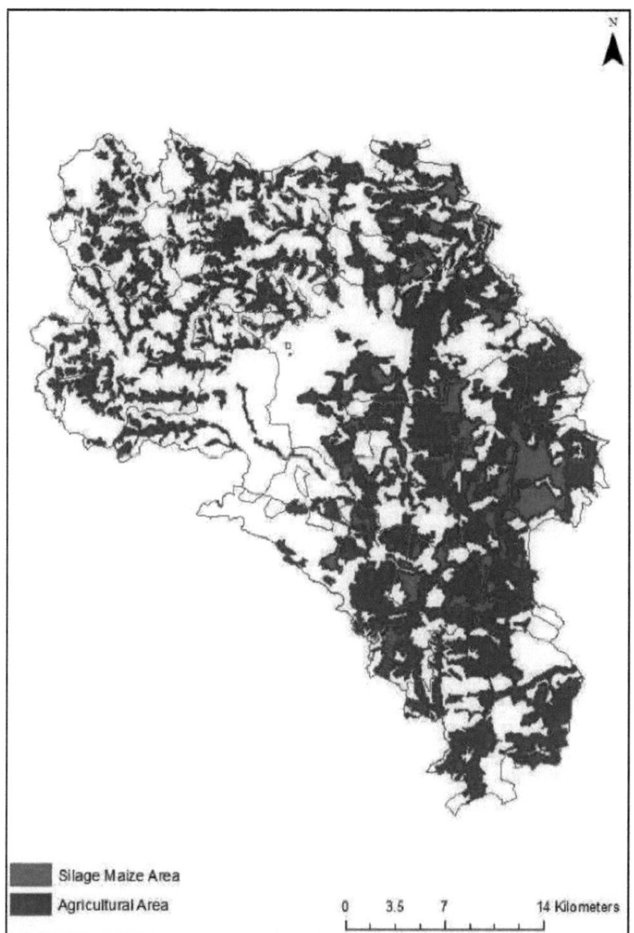

Figura 24: Mapa da procura de energia de 15000KW

Para uma necessidade de energia de 10.000 quilowatts, são necessários 2.000 hectares de milho de silagem. Com um rendimento médio de uma central de biogás de 240 quilowatts, são necessárias 41 centrais de biogás. Em comparação com uma necessidade de energia de 2500 quilowatts, seriam necessárias apenas 10 unidades de biogás com o mesmo rendimento médio das unidades.

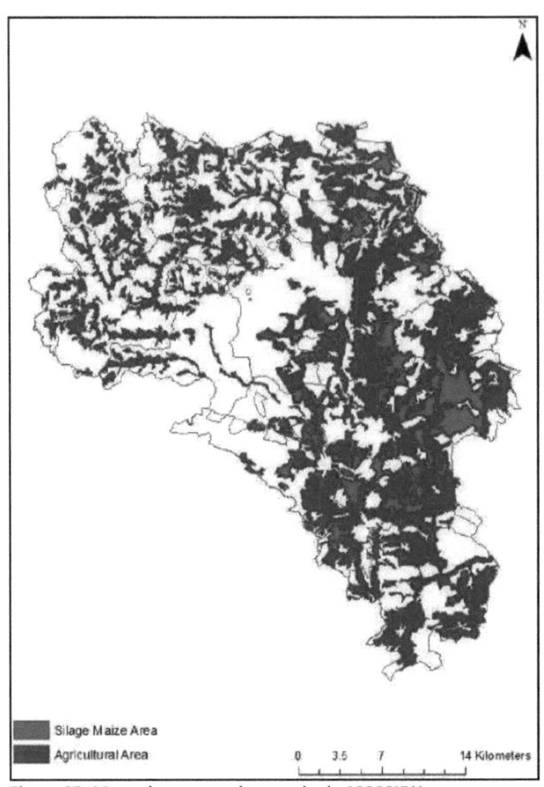

Figura 25: Mapa da procura de energia de 10000KW

Energy Output Demand (Kilowatt)	Silage Maize Area (Hectare)	Silage Maize % of TAA	Biogas Plant Average Yield (Kilowatt)	Required Biogas Power Plants
10000	2000	4.1	200	50
			240	41
			300	33

Tabela 13: Procura de energia a 10000KW

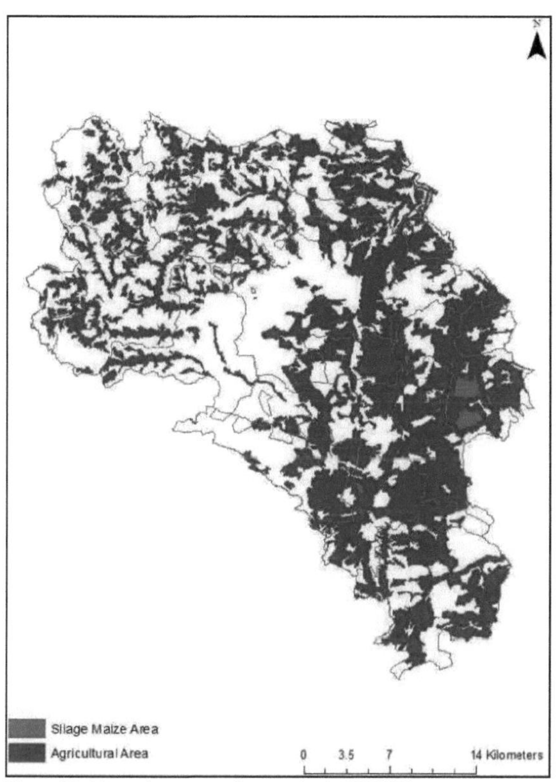

Figura 26: Mapa da procura de energia de 2500KW

Energy Output Demand (Kilowatt)	Silage Maize Area (Hectare)	Silage Maize % of TAA	Biogas Plant Average Yield (Kilowatt)	Required Biogas Power Plants
2500	500	1	200	12
			240	10
			300	8

Tabela 14: Procura de energia a 2500KW

Capítulo 5 **Conclusões, limitações e investigação futura**

5.1 Conclusões

Neste estudo, foi desenvolvido um modelo para calcular a "pegada ecológica" de 32 centrais eléctricas a biogás no distrito de Schwarzwald-Baar. Foi expressa em termos de hectares de milho de silagem e resultou em 547 hectares. O modelo é também transferível para outras áreas, mas poderá ter de ser revisto manualmente, em especial no que diz respeito a sobreposições na proteção das centrais eléctricas a biogás.

Neste estudo, foi determinado um rácio de 1 quilowatt para 0,2 hectares de milho de silagem. Num outro estudo efectuado por um professor do Instituto Nacional de Estatística de Baden-Württemberg, foi determinado um rácio de 1 quilowatt para 0,5 hectares de milho para silagem. Esta diferença de valores pode dever-se às estimativas utilizadas na presente tese de mestrado. Por conseguinte, as simulações efectuadas com base nestes valores podem não ser exactas, mas dão uma boa ideia da relação entre a produção de bioenergia e a superfície de milho para silagem.

5.2 Restrições

Nem todos os factores de aptidão foram tidos em conta na criação do mapa de aptidão do milho para silagem. Esta limitação deveu-se à dimensão da área de estudo e à disponibilidade de dados. A área de estudo tem apenas cerca de 102526 hectares, e esta área relativamente pequena significou que certas condições de aptidão não eram aplicáveis porque não havia variação na área de estudo. Um exemplo disto é a precipitação; os valores não podiam ser reclassificados, uma vez que toda a área de estudo se enquadrava na mesma classe, pelo que não havia uma base tangível para comparação. A indisponibilidade de dados estatísticos foi também uma limitação, pelo que foram utilizadas estimativas em certas partes da análise.

5.3 Investigação futura

Na simulação de hectares de milho de silagem para a produção de bioenergia, há números que mostram quantas centrais eléctricas de biogás são necessárias para cobrir uma determinada procura de energia com um determinado rendimento. No entanto, não existe uma análise da localização óptima dessas centrais. Um outro estudo, que considere também a localização óptima para a construção de centrais de biogás, fornecerá uma análise mais detalhada do potencial bioenergético de uma região específica.

Referências

Bmel.de. (2013) [em linha] Disponível em: http://www.bmel.de/SharedDocs/Downloads/Landwirtschaft/Tier/Tie rgesu ndheit/Tiereucheneuchen/VO1069-2009-ZulassungBetriebeNebenprodukte.pdf?__blob=publicationFile [Acedido: 25 Fev 2014]

Bmelv.de.(2009). Plano de ação nacional para a biomassa na Alemanha - Biomassa e aprovisionamento energético sustentável. (E-Book) Berlim: Ministério Federal do Ambiente, da Conservação da Natureza e da Segurança Nuclear (BMU). P. 2. Disponível através de: Ministério Federal da Alimentação, Agricultura e Defesa do Consumidor http://www.bmelv.de/SharedDocs/Downloads/EN/Publications/Biomass Actio nPlan.pdf?__blob =publicati on File [Acedido: 16 de setembro de 2013]

Chang, B. e Xiong, L. (2005). Ecological footprint analysis based on RS and GIS in drylands. Journal of Geographical Sciences, pp. 44-45. Obtido em: http://www.springer.com/?[...] [Acedido em: 17 de outubro de 2013].

Dlz.agrarheute.com. (2011) "Bonde verbietet Grünland-Umbruch" [em linha] Disponível em: http://dlz.agrarheute.com/gruenland-466387 [Acedido em: 23 de fevereiro de 2014]

Finke, C., Moeller, K., Schlink, S., Gerowitt, B. e Isselstein, J. (1999) *The environmental impact of maize cultivation in the European Union: Practical options for improving the environmental impact. - Case study Germany* - (E-Book) Göttingen: Centro de Investigação para a Agricultura e o Ambiente, em cooperação com o Departamento de Investigação de Forragens e Gramíneas do Instituto de Agronomia e Melhoramento de Plantas da Universidade Georg-August de Göttingen. P. 7. Disponível em: http://ec.europa.euhttp://ec.europa.eu/environment/agriculture/pdf/mais_ allemange.pdf [Acedido em: 24 de fevereiro de 2014]

Fiorese, G. e Guariso, G. (2010) 'A GIS-based approach to evaluate biomass potential from energy crops at regional scale' *Environmental Modelling \& Software*, 25 (6), pp. 702--711.

Hoehn, J., Lehtonen, E., Rasi, S. e Rintala, J. (2013). A geographic information system (GIS) -based methodology for identifying potential biomasses and sites for biogas plants in Southern Finland. Applied Energy, 113 pp. 1-10. 1-10. Obtido em: http://www.journals.elsevier.com [Acedido em: 9 de outubro de 2013].

Kitzes, J., Peller, A., Goldfinger, S. e Wackernagel, M. (2007).

Métodos actuais de cálculo das Contas Nacionais da Pegada Ecológica. Science for Environment and Sustainable Society, 4 (1), pp. 1-9. Obtido em: http://www.google.de/url?[...] [Acedido em: 15 de outubro de 2013].

Knauf, G. e Luebbeke, I. (2007) Food security and the use of biomass for energy purposes. [em linha] Disponível em: http://www.forumue.de/fileadmin/userupload/publikationen/discussionpaper_ sustainable_biom ass_web.pdf [Acedido: 16 de setembro de 2013].

Koikai, J. (2008). Utilizing GIS-Based Suitability Modeling to Assess the Physical Potential of Bioethanol Processing Plants in Western Kenya [Utilização de modelos de adequação baseados em SIG para avaliar o potencial físico de fábricas de processamento de bioetanol no Quénia Ocidental]. Saint Mary's University of Minnesota University Central Services Press. Winona, MN, 10 pp. 1-12. Recuperado de: http://www.gis.smumn.edu [Acedido em: 14 de outubro de 2013].

Instituto Estatal de Desenvolvimento Agrícola e Rural de Gmünd. (2013) "Centrais de biogás em Baden-Württemberg" *Lel-web.de.* [em linha] Disponível em: https://www.lel-web.de/app/ds/lel/a3/Online_Kartendienst_extern/Karten/14884/index.html [acedido em: 25 de fevereiro de 2014].

Marc Van Liedekerke, Arwyn Jones, Panos Panagos . (2006). ESDBv2 Raster Library - um conjunto de rasters derivados da distribuição da European Soil Database v2.0 (publicada pela Comissão Europeia e pela European Soil Bureau Network, CD-ROM, EUR 19945 EN);

Moffatt, I. (2000). Ecological footprints and sustainable development (Pegadas ecológicas e desenvolvimento sustentável). P. 1-4. Obtido em: http://www.journals.elsevier.com [Acedido em: 16 de outubro de 2013].

Pedroli, B., Elbersen, B. e Frederiksen, P. (2012). O cultivo de culturas energéticas na Europa é compatível com a biodiversidade? Opportunities and threats to biodiversity from land-based production of biomass for bioenergy purposes" [Oportunidades e ameaças à biodiversidade decorrentes da produção terrestre de biomassa para fins bioenergéticos]. Obtido em: http://www.journals.elsevier.com [Acedido em: 9 de outubro de 2013].

Sliz-Szkliniarz, B. e Vogt, J. (2011) 'GIS-based approach for the evaluation of wind energy potential: A case study for the Kujawsko--Pomorskie Voivodeship' *Renewable and Sustainable Energy Reviews*, 15 (3), pp. 1696--1707.

Stenull, M., Haerdtlein, M., Eltrop, L. (2011). Mobilização das reservas de eficiência das unidades de biogás em Baden-Württemberg - Resultados de um inquérito relativo ao ano de funcionamento de 2009 -. Obtido em: http://www.ier.uni-stuttgart.de/publikationen/pb_pdf/BiogasumfrageVeroeffentlichung_Stenullet al_11032011.pdf

Stuermer, B., Schmidt, J., Schmid, E. e Sinabell, F. (2013). Impactos da produção de culturas de bioenergia agrícola numa economia com restrições de terras - O exemplo da Áustria. P. 1-12. Obtido em: http://www.journals.elsevier.com [Acedido em: 9 de outubro de 2013].

Wikipédia. (2014) 'Energy maize' [em linha] Disponível em: http://de.wikipedia.org/wiki/Energiemais [Acedido em: 24 de fevereiro de 2014]

Apêndice A: Script GUI pythou

```
import Tkinter
def calculate(a):
  return a*0.2
class simpleapp_tk(Tkinter.Tk):

  def __init__(self,parent):
    Tkinter.Tk.__init__(self,parent)
    self.parent = parent
    self.minsize(300,100)
    self.initialize()

  def initialize(self):

    self.grid()

    #Input
    self.entryVariable = Tkinter.StringVar()
    self.entry = Tkinter.Entry(self,textvariable=self.entryVariable)
    self.entry.grid(column=0,row=0,sticky='EW')
    self.entry.bind("<Return>", self.OnPressEnter)
    self.entryVariable.set(u"Enter Proposed KiloWatt")

    #Button
    button = Tkinter.Button(self,text=u"Calculate", command=self.OnButtonClick)
    button.grid(column=0,row=1)

    #Result
    self.labelVariable = Tkinter.StringVar()
    label = Tkinter.Label(self,textvariable=self.labelVariable, an-
chor="w",fg="black",bg="green")
    label.grid(column=0,row=2,columnspan=2,sticky='EW')
    self.labelVariable.set(u"Estimated Silage Maize Hectares Needed")

    #Configuration
    self.grid_columnconfigure(0,weight=1)
    self.resizable(True,False)
    self.update()
    self.geometry(self.geometry())
    self.entry.focus_set()
    self.entry.selection_range(0, Tkinter.END)

  def OnButtonClick(self):
    result = calculate(float(self.entryVariable.get()))
    self.labelVariable.set( result )
    self.entry.focus_set()
    self.entry.selection_range(0, Tkinter.END)

  def OnPressEnter(self,event):
    result = calculate(float(self.entryVariable.get()))
    self.labelVariable.set( result )
    self.entry.focus_set()
    self.entry.selection_range(0, Tkinter.END)
```

```
if __name__ == "__main__":
    app = simpleapp_tk(None)
    app.title('Silage Maize Hectare Calculation')
    app.mainloop()
```

Apêndice B: Script Python de tampão

```
# Description: Find buffer value

# import system modules
import arcpy
from arcpy import env

# Desired Area in sq. meters
dArea = 15680000.0

# Current Area
cArea = 14652738.774904

# Buffer distance
bDist = 13.1

# Distance Incerment
incDist = 0.01

# Set environment settings
env.workspace = "C:/Users/Olusegun/Documents/HFT Stuttgart/Thesis-Semester/SegunB/biogasBuffer.mdb"

# Input
inpt = "powerplantbuffer"

# Output
buffered = "C:/Users/Olusegun/Documents/HFT Stuttgart/Thesis-Semester/SegunB/biogasBuffer.mdb/output"

while (cArea < dArea):

    # delete if the output already exist
    if arcpy.Exists(buffered):
        arcpy.Delete_management(buffered)

    # Apply Buffer
    bDist += incDist
    arcpy.Buffer_analysis(inpt, buffered, str(bDist) + " Meters", "FULL", "ROUND", "ALL", "")

    # Create a search cursor
    rows = arcpy.SearchCursor(buffered)

    # Get area
    for row in rows:
        cArea = row.getValue("Shape_Area")

    # log results
    arcpy.AddMessage("Buffer distance: " + str(bDist) + "  Area: " + str(cArea) + "  Diff: " + str(dArea - cArea))
```

Índice

Printed by Books on Demand GmbH, Norderstedt / Germany